loqueleo

FRANNY K. STEIN. EL ATAQUE DEL CUPIDO GIGANTE
Título original: *Franny K. Stein Mad Scientist. Attack of the 50-ft. Cupid*

Publicado con la autorización de Simon & Schuster Books for Young Readers, una división de Simon & Schuster Children's Publishing Division.
D. R. © del texto y las ilustraciones: Jim Benton, 2004
D. R. © de la traducción: Roxanna Erdman, 2013
Primera edición: 2013

D. R. © Editorial Santillana, S. A. de C. V., 2018
      Av. Río Mixcoac 274, piso 4, Col. Acacias
      03240, México, Ciudad de México

Esta edición: Publicada bajo acuerdo con
Grupo Santillana en 2021 por
Vista Higher Learning, Inc.
500 Boylston Street, Suite 620
Boston, MA 02116-3736
www.vistahigherlearning.com

ISBN: 978-607-01-3735-8

www.loqueleo.com/us

Loca por la ciencia

Franny K. Stein
El ataque del Cupido gigante

Jim Benton

Ilustraciones del autor

loqueleo

Para Summer y Griffin
y para mis sobrinos Mark, Sean, Brad, Laura,
Tommy, Lauren, Jessi, Robert, Allyson, Dan,
Kristen, Rob, Scott, Evan, Laura, Elissa, Eric,
Brooke, Joe, Mike, Lisa, Ashley, Abbey y Tess.

CAPÍTULO UNO

LA CASA DE FRANNY

La familia Stein vivía en una preciosa casita rosada al final de la calle de Los Narcisos. Las contraventanas estaban pintadas de color morado y todo era claro y alegre. Bueno, todo menos la habitación del ático, la de la ventana redonda.

Ésa era la habitación de Franny, y ella la amaba más que cualquier otro lugar del mundo entero, porque era ahí donde maquinaba las ideas más fascinantes para la ciencia loca.

Pero, como suele sucederles a los científicos locos, era imposible lograr que sus amigos y su familia tomaran en serio su trabajo.

Como cuando Franny le presentó a su papá su más reciente y perfeccionada Vaca Personal.

—¡Mira, papá! Modifiqué genéticamente una vaca de verdad para que tenga la portabilidad que necesita un bebé hoy en día. ¿Ves? Leche fresca dondequiera que vayas.

—Qué bien, Franny —dijo su papá, sin siquiera levantar la vista de su periódico.

O cuando Franny trató de enseñarle su Agigantador recién mejorado a su hermanito, Freddy.

—Un disparo de este aparato puede hacer las cosas cientos de veces más grandes —dijo Franny con orgullo.

—¿Lo puedes usar en reversa y hacer tu boca más pequeña? —preguntó Freddy.

—No tiene la función de reversa. Sólo hace las cosas más grandes, pero no es una mala idea... —contestó Franny, pero antes de que pudiera terminar, él saltó sobre su patineta y de un solo impulso desapareció de su vista.

O cuando Franny llamó a Percy, uno de sus nuevos amigos de la escuela, para contarle de su nuevo Manifestador.

—Pones una foto de algo frente a él, mueves el interruptor y ¡zas!, crea una reproducción real de la imagen en tercera dimensión.

—¿Alguna vez has puesto cátsup y totopos? —preguntó Percy tontamente.

Franny parpadeó, perpleja.

—¿Cátsup y totopos? ¿Escuchaste alguna palabra de lo que dije, Percy? El Manifestador puede crear cosas reales a partir de fotografías y fotografías a partir de cosas reales. Es una absoluta locura.

—Me gustan los totopos —dijo Percy, y Franny colgó el teléfono.

La mamá de Franny la había estado observando y se sintió mal por ella.

Quizá no habría elegido tener una científica loca por hija, pero eso era Franny. Y como eso es lo que era, su mamá había invertido mucho tiempo en tratar de aprender sobre científicos locos.

Una de las cosas que había aprendido era que los científicos locos necesitan asistentes a quienes puedan mostrarles sus vacas en miniatura, sus aparatos extraños y sus chiflados artilugios; asistentes que siempre estén fascinados y que siempre escuchen.

CAPÍTULO DOS

PULGAS Y GRACIAS

Una tarde, la mamá de Franny se asomó con cuidado a su habitación. Cuando uno se asoma al cuarto de un científico loco, siempre es mejor hacerlo con cuidado.

—Franny, cariño, quisiera presentarte a alguien.

—Estoy un poco ocupada, mamá. Estoy trabajando en una máquina que hará que los calcetines sucios huelan peor.

—¿Para qué querrías eso? —preguntó la mamá de Franny.

Franny se quedó callada un momento y luego dijo:

—Supongo que tú no lo querrías, mamá. Pero así es como funciona la ciencia loca.

—Está bien, pero pensé que tal vez querrías conocer a tu nuevo asistente de laboratorio.

—¿Un asistente de laboratorio de verdad? —dijo Franny, olvidándose por completo de su experimento de los calcetines. Más que nada en el mundo, ella siempre había querido un asistente de laboratorio.

—Bueno... —dijo su mamá— no es un asistente "de verdad". Es una mezcla de caniche, lobo, chihuahua, perro pastor y de una especie de comadreja, así que tampoco es del todo un perro.

19

Franny se le quedó viendo a la cosa que su mamá traía con una correa.

—Pero siempre estará interesado y fascinado por tus proyectos, preciosa, y le puedes enseñar a ser tu asistente. Se llama Igor.

Igor tosió y ladeó la cabeza. Algunas pulgas saltaron entre su pelaje. Le bastó con verla para saber que Franny le agradaba, y esperaba gustarle también.

—Oh. Es un perro —dijo Franny sin emoción, mirando a Igor como si fuera un vaso medio vacío—. Creí que te referías a...

Franny estaba a punto de decirle a su mamá que se llevara a Igor, pero al ver su cara sonriente se dio cuenta de que en verdad había pensado que Igor iba a ser la sensación.

Y no tuvo el valor de desilusionarla.

—Es perfecto, mamá —mintió Franny—. Gracias.

—¡Sabía que te iba a encantar! —dijo su mamá con voz cantarina, y le entregó a Franny la correa.

Franny jaló a Igor para que entrara en su cuarto.

—Siéntate aquí —le dijo—. Yo te aviso si necesito que me asistas en algo.

Igor se sentó y trató de poner la sonrisa más amigable que puede poner un perro con la boca llena de dientes puntiagudos y chuecos.

Más que nada en el mundo, Igor quería ser asistente de un científico loco. Especialmente si ese científico loco era Franny.

CAPÍTULO TRES

MUCHO AYUDA EL QUE NO ESTORBA

—De vuelta al trabajo —dijo Franny. Los científicos locos son los científicos más trabajadores de todos. No permiten que interrupciones como Igor se interpongan en sus avances.

Igor no podía esperar para ayudar.

—¡Igor! Por favor no toques a los monstruos —gruñó Franny cuando Igor trató de completar una criatura que acababa de diseñar.

—¡Igor! ¡Quita las patas de mis aparatos! —gruñó Franny cuando Igor trató de probar su nuevo proyector de rayos X.

Igor trató de ayudar a Franny a combinar varios químicos extremadamente peligrosos.

—Igor, no toques los tubos de ensayo —dijo Franny—. Por favor, no toques nada.

¡PERRO ESTO NO ES VIDA!

A la mañana siguiente, Igor observaba en silencio mientras Franny se preparaba para la escuela. Antes de irse, Franny le advirtió, apuntándole con el dedo:

—Creo que ya hemos establecido que un perro no es un asistente de laboratorio, así que no toques nada en este cuarto, excepto tu tonta pelotita de goma. ¿Entendido?

Igor entendió.

Se concentró en no tocar nada, excepto su tonta pelotita de goma, porque más que nada en el mundo, él sólo quería ayudar.

Capítulo cinco

VERSO PERVERSO

Franny estaba sentada en la clase, escuchando a su profesora, la maestra Shelly.

—Recuerden que estaremos festejando algo especial al final de la semana —dijo la maestra Shelly—. Necesitarán tarjetas de San Valentín para intercambiar.

Franny levantó la mano.

—Señorita Shelly, ¿qué es una tarjeta de San Valentín?

La maestra Shelly jamás había entendido por qué Franny podía saber tanto sobre cosas raras y, al mismo tiempo, tan poquito sobre cosas normales.

Franny pensaba lo mismo de la señorita Shelly.

La verdad era que Franny, como la mayoría de los genios, estudiaba las cosas que le gustaban y no le ponía mucha atención a lo demás, incluyendo las festividades.

—Una tarjeta de San Valentín es una expresión de amistad o amor —comenzó a explicar la señorita Shelly.

—¿Así como para tu mamá? —preguntó Franny.

—Bueno, sí. Puedes enviarle una tarjeta de San Valentín a tu mamá. Pero en San Valentín también se celebra el amor que les tienes a otros, aparte de tus papás.

—Creo que no entiendo —dijo Franny.

—Aquí hay un ejemplo de algo que podrías escribir en una: "Una rosa es roja, una violeta es azul, dulce es el azúcar, igual que tú".

—¿Y escribo eso en cada tarjeta? —preguntó Franny.

—No, no —dijo la maestra Shelly—. Trata de personalizarlas. Ya sabes: expresa tus sentimientos acerca de esa persona en particular.

—Está bien, usted manda —dijo Franny, aunque no tenía idea de qué estaba hablando la señorita Shelly.

CAPÍTULO SEIS

EL GENERADOR DE POEMAS DE SAN VALENTÍN

Más tarde, Franny se sentó ante su escritorio y se puso a hacer la tarea.

—Sé exactamente cómo lograr que esto resulte más sencillo —dijo triunfante—. Crearé una tarjeta de San Valentín que funcione para todos. Eso ahorrará mucho tiempo.

Igor miraba en silencio, aunque en serio quería ayudar.

Al día siguiente Franny le mostró su invento a la señorita Shelly.

—Se llama Generador de Poemas de San Valentín. Pones lo mismo en todas las tarjetas y quien la recibe sólo tiene que elegir una sección de cada columna. Se le llama matriz. Así, cada quien puede personalizarla por sí mismo. Hay 625 combinaciones diferentes.

GENERADOR DE POEMAS
DE SAN VALENTÍN

Crea tu propio poema de San Valentín.
Sólo elige un cuadro de cada columna
y júntalos en orden.

Una rosa es roja	Una violeta es azul	Dulce es el azúcar	Y así también eres tú
Un barrito es tan blanco	Que me da cuz cuz	Si además bien que eructas	A huir a Perú
Los mocos son ricos	Los zuecos dan pus	Pie Grande es peludo	Quédate en tu iglú
Tus piojos son lindos	Te hace falta champú	La avena es grumosa	Pero menos que tú
Los zombis son grises	Igual que un ñandú	Pañales que apestan	Mi verso, caput

La maestra Shelly sonrió. Miró la tarjeta de Franny y luego la miró a ella.

—Franny, esto es muy ingenioso, pero tal vez no me expliqué muy bien. Quizá podría ayudar que le añadieras algunos adornos o dibujos.

—¡Oh, claro! —dijo Franny—. Como imágenes de mocos o de piojos, ¿no?

—Bueno, yo estaba pensando en la imagen de algo más tradicional —la corrigió la señorita Shelly—. Como Cupido.

—¿Cupido? —preguntó Franny—. ¿Qué es eso?

—Bueno... —explicó la señorita Shelly—. Cupido es un hombrecito desnudo con alas. Revolotea por ahí, disparándole a la gente con sus flechas especiales.

—¿Y a la gente le gusta? —Franny estaba fascinada.

—La gente lo adora —la señorita Shelly se rio—. Y a veces hay pequeños corazones flotando a su alrededor.

Franny sonrió.

—Mmmmm, corazones. Bueno, esa parte me gusta —dijo.

—Y siempre está diciendo palabras suaves —dijo la señorita Shelly.

—Suaves —dijo Franny mientras tomaba nota—. ¿Y todo esto tiene que ver con los asuntos amorosos? —preguntó Franny.

La señorita Shelly sonrió.

—Bueno, hay otras cosas, como flores y dulces, supongo, pero Cupido es un buen comienzo, Franny.

CAPÍTULO SIETE

SACAR CONCLUSIONES

Cuando llegó a casa, Franny revisó las notas que había hecho en la escuela.

—Desnudo. Alas. Flechas —masculló—. Y corazones.

Miró su dibujo.

—Oh, y siempre dice algo suave —susurró—. Veamos..., los intestinos son muy suaves.

—Creo que ya sé de qué se trata esto de San Valentín —dijo Franny con seguridad, e hizo unos cuantos diseños más, sólo para tenerlos de reserva.

Igor observaba en silencio, aunque en serio en serio en serio en serio quería ayudar.

CAPÍTULO OCHO

CUPIDO ES CUPIDO

Franny no podía esperar a enseñarles sus nuevas tarjetas de San Valentín a sus amigos.

La maestra Shelly se dirigió al lugar donde se originaban los gritos.

—¿Ven? —dijo Franny—. Es Cupido.

La señorita Shelly se atragantó.

—Me costó trabajo elegir qué cosa suave podía decir, pero llegué a la conclusión de que no hay nada más suave que las vísceras.

La profesora Shelly se quedó con la boca abierta.

—¿Quiere ver el resto? —preguntó Franny.

La señorita Shelly negó con la cabeza.

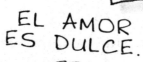

—Franny —dijo la maestra Shelly finalmente—, será mejor que veas una de éstas —y le
entregó una tarjeta de San Valentín de verdad.

CAPÍTULO NUEVE

ROSA. TIERNO. TENGO NÁUSEAS

Franny se quedó viendo la tarjeta. Así que a eso era a lo que se referían. Así era Cupido: todo gordo, rosa y adorable.

—Ugg. A ver, recuérdeme, ¿a qué se dedica este tipo? —preguntó Franny.

—Revolotea por ahí y le dispara sus flechitas a la gente para que se enamore.

—Es bastante horrible, ¿no? —dijo Franny.

La señorita Shelly se rio.

Franny miró a sus amigos. Seguía sin entenderlos, pero estaba loca por ellos, así que si lo que querían era un bebé desnudo, eso les daría.

—Está bien, señorita Shelly. Ahora sí ya entendí —dijo, y la maestra le prestó la tarjeta de Cupido para que la estudiara.

CAPÍTULO DIEZ

TRABAJAR COMO PERRO

Aquella misma noche, Franny se sentó ante su escritorio y se puso a observar la tarjeta de Cupido. Si quería entregar tarjetas a todos a tiempo, aún tenía mucho trabajo que hacer, pero la idea no le entusiasmaba.

—Estoy cansada —dijo, y arrojó la tarjeta a un lado—. Mañana haré lo demás.

Igor miraba en silencio, aunque en serio en serio en serio en serio en serio en serio quería ayudar.

Cuando Franny se fue a dormir, Igor intentó hacer lo mismo, pero seguía preocupado porque no le habían permitido ayudar. Recorrió la habitación mirando los maravillosos experimentos de Franny en proceso y se recordó a sí mismo que no debía tocar nada.

No se le ocurría qué hacer, hasta que vio que en el escritorio de Franny estaba su pelotita de goma.

CAPÍTULO ONCE

ASÍ REBOTA LA PELOTA

Igor sabía que sí tenía permitido tocar la pelota, así que se trepó con precaución a la silla para alcanzarla. Puso especial cuidado en no tocar ninguna de las cosas de Franny.

De repente, las rueditas de la silla se deslizaron y a Igor se le resbaló la pelota.

La pelota rebotó dos veces y luego accionó el interruptor del Manifestador de Franny.

El Manifestador disparó un rayo que fue a dar directo a la tarjeta de Cupido, lo que hizo que del otro lado saliera un Cupido pequeñito de carne y hueso.

Y ¡zuing!, ¡zuizz!, ¡zuang! Pequeñas flechas salieron volando hacia Igor mientras el
pequeño Cupido seguía disparando, que es lo que
se supone que un Cupido debe hacer.

¡Zuing! ¡Zuizz! ¡Zuang!

Igor las esquivó por la derecha y por la iz-
quierda, asegurándose de no tocar nada, tal y
como Franny le había dicho.

Igor pasó de largo junto a frascos y redes de mariposas, con los cuales pudo haber atrapado a Cupido, pero Franny le había dicho que no tocara nada y él estaba decidido a seguir sus instrucciones al pie de la letra.

De repente, Igor escuchó un clic y un zap, seguidos de un fuerte crujido. Una de las flechas de Cupido había rebotado contra el botón de uno de los artefactos de Franny.

Y ese artefacto era el Agigantador.

CAPÍTULO DOCE

¡CUIDADO! ¿QUÉ ES ESO?

Un fuerte crujido despertó a Franny. Ella miró hacia arriba. Muy arriba. A través del hoyo en el techo pudo ver la luna en el cielo de la madrugada. Se veía más rosa y más blandita que nunca.

—¿Rosa? ¿Blandita?

"Un momento", pensó Franny; "eso no es la luna...".

"Eso es el trasero de bebé más grande que el mundo haya visto jamás".

CAPÍTULO TRECE

CON EL DÍA FESTIVO ENCIMA

Franny saltó de la cama en un segundo. Estaba parada justo detrás de Igor mientras Cupido se alejaba aleteando como un enorme, adorable e increíblemente peligroso globo aerostático.

—¡Igor! —dijo Franny enojada—. ¿Tienes idea de lo que acabas de hacer? Te dije que no tocaras nada y me desobedeciste. ¡Ahora has liberado un monstruo que no sé cómo detener!

Los ojos de Franny destellaban con una terrible locura de científica loca que hizo que Igor palideciera.

—¡Eres un pésimo asistente! —gritó Franny con una voz tan enojada que ni siquiera sonaba a Franny—. Y cuando regrese, más vale que ya hayas desaparecido, triste perrito feo, bueno para nada.

Franny tomó el Agigantador y salió corriendo. Igor se quedó ahí, solo y con el corazón destrozado. Se preguntó adónde podrían ir los tristes perritos feos, buenos para nada.

"Sea donde sea ese lugar, seguro que no es aquí", pensó Igor.

CAPÍTULO CATORCE

EL AMOR DUELE

Toda la mañana Franny siguió el camino de destrucción de Cupido.

—¡No entiende lo grande que es ni lo peligrosas que son sus flechas enormes! —dijo Franny—. ¡Hay que detenerlo antes de que ensarte a alguien!

A lo lejos, se veía que Cupido estaba contentísimo disparando sus flechas en todas direcciones.

Y un autobús escolar lleno de niños se dirigía justo hacia él.

—¡Oh, no! —gritó Franny—. El amor de Cupido los va a hacer pedazos.

CAPÍTULO QUINCE

EL AMOR ES UN CAMPO DE BATALLA

Franny llegó a la escena justo cuando el conductor del autobús vio al gigantesco Ángel del Amor.

Inmediatamente pisó el freno. Intentó meter reversa, pero la palanca de velocidades se atascó.

Cupido vio el autobús detenido, descubrió que estaba lleno de niñitos y le pareció que seguramente todos querrían enamorarse.

"¡Piensa! ¡Piensa! ¡Piensa!", se dijo Franny mientras Cupido colocaba una flecha en su arco.

El conductor del autobús gritó.

Los niños gritaron.

Franny deseó haberle puesto un botón de reversa a su Agigantador. De repente, pensó en su hermano.

—¡Freddy! —dijo, y apuntó el Agigantador hacia sí misma.

CAPÍTULO DIECISÉIS

LAS RUEDAS DEL AUTOBÚS GIRAN Y GIRAN

Cupido apuntó y, ¡toing!, disparó una flecha gigante, que salió volando a toda velocidad hacia el autobús mientras Franny se lanzaba por los aires.

Franny plantó su pie derecho sobre el autobús y clavó el pie izquierdo en el suelo, tal como había visto hacer a su hermano incontables veces.

Con un poderoso empujón, Franny arrancó.

¡CRASH!

Franny se abrió paso por las calles, usando el autobús como si fuera la patineta más grande del mundo.

Cupido voló tras ella en una acalorada persecución, disparando flecha tras flecha, que Franny esquivaba y evadía mientras intentaba desesperadamente no derrapar.

"Debo regresar a mi laboratorio", pensó, y se dirigió a la calle de Los Narcisos.

CAPÍTULO DIECISIETE

MAMÁ SIEMPRE DICE
QUE USES TU CASCO

(SOBRE TODO CUANDO TE VUELVES GIGANTE Y USAS UN AUTOBÚS ESCOLAR COMO PATINETA)

Franny tomó una curva cerrada y se dirigió a casa.

—Andar en patineta es divertido —dijo— y no es tan difícil como dice Freddy...

Franny perdió una rueda en la curva, lo cual rompió el eje y mandó a Franny por los aires.

—¡Aaaaayyyy! —gritó mientras salía disparada y aterrizaba en el jardín de la entrada de su casa con un golpe doloroso.

Cupido aterrizó al final de la calle de Los Narcisos y caminó hacia el autobús detenido. Estaba listo para disparar una flecha.

Parecía el final.

A Franny le daba vueltas la cabeza. Se arrastró hasta quedar enfrente del autobús y miró desafiante a Cupido.

Cupido tensó el arco y apuntó de nuevo...

¡CHOMP!

... justo en el momento en que un hocico lleno de dientes puntiagudos y chuecos se clavaba en su trasero gigante y blandito.

Cupido aulló y brincó, y la flecha que iba a ser para Franny falló por un centímetro.

Mientras Cupido daba vueltas, Franny vio a Igor colgado de las pompis adoloridas y rosadas de Cupido.

Igor la había salvado. Y había salvado a los niños del autobús.

Cupido se arrancó a Igor del trasero y lo aventó al piso.

Estaba a punto de volver a concentrarse en Franny cuando le echó otro vistazo a Igor.

Igor era feo. Era pequeño y daba lástima, pero más que nada, Cupido podía sentir que Igor tenía el corazón roto.

Y los corazones rotos le interesaban mucho a Cupido.

—Perfecto, Cupido está distraído —gruñó
Franny—. Ahora podemos largarnos de aquí.
Y empezó a alejarse cojeando, arrastrando
lentamente el autobús.

Cupido detuvo a Igor con su pie gigante, gordo y rosa. "Éste es el corazón más roto de todos los corazones rotos que he visto", pensó Cupido.

Eso ameritaba una flecha extra grande. Cupido sacó la flecha más grande que tenía.

CAPÍTULO DIECIOCHO

NOP, NO SON LOS TACOS

Franny no había dado más de tres débiles pasos cuando se detuvo. Recordó cuando Igor le había ayudado con el monstruo. "A decir verdad, eso fue muy divertido", pensó.

Recordó cuando le ayudó con su proyector de rayos X. "También muy divertido".

Y recordó cómo había arriesgado su vida para salvarla.

Franny soltó el autobús. Estaba desconcertada por una extraña y poderosa descarga eléctrica que recorría todo su cuerpo.

¿Un efecto secundario del Agigantador? ¿Una lesión en su sistema nervioso, ocasionada por el accidente del autobús?

¿Le habrían caído mal los tacos de ayer en la cafetería?

Franny se sentía extrañamente vigorizada. Se sentía fuerte y concentrada.

Eso no era alto voltaje. Eso no era una reacción química. Eso no era un fenómeno sobrenatural.

Miró a Igor.

—Diantres —susurró Franny, y su corazón se derritió.

CAPÍTULO DIECINUEVE

HORA DE LA CIENCIA LOCA

—Debo salvar a Igor —fue todo lo que Franny pudo decir.

¿Pero cómo? El cerebro gigante de Franny calculaba posibilidades a la velocidad de la luz.

Franny sabía que jamás podría pelear contra Cupido. Él tenía arco y flechas. Además, no estaría bien darle una paliza a un bebé, incluso si se trataba de uno de quince metros. Un bebé es un bebé, ¿cierto?

Mientras Cupido ponía una flecha en el arco, Igor dirigió la vista a Franny.

—¡Un bebé es un bebé! —exclamó Franny—. ¡Podrá ser gigantesco, destructivo y lanzador de flechas, pero Cupido sigue siendo un bebé!

Franny arrancó el techo de su casa para lle-
gar a su amado laboratorio.

—¿Dónde estás? ¿Dónde estás? —gritó.
Finalmente se detuvo.

—¡Ahí estás! —gritó, y disparó el Agigantador.

CAPÍTULO VEINTE

DESCUBRE LA SOLUCIÓN

Mientras, en la calle, Igor cerraba los ojos tan fuerte como podía y esperaba el toing de la flecha de Cupido.

Pero no escuchó ningún toing.

Escuchó que algo hacía splash. ¿O acaso era splosh? Era la clase de sonido que escuchas cuando abres toda la llave de la manguera del jardín. Luego escuchó que alguien se relamía, y, luego, un muuu.

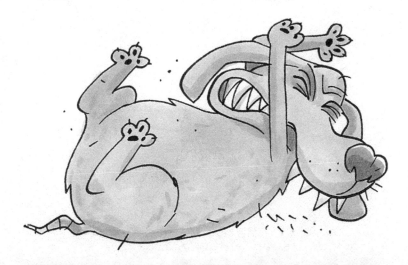

Abrió los ojos. Cupido recibía en la boca
abierta un gran chorro de algún líquido.

Y en el otro extremo del gran chorro estaba Franny.

Había usado el Agigantador en su Vaca Personal y ahora lanzaba con ella un irresistible chorro de leche fresca. Cupido había dejado caer el arco y la flecha, y seguía el chorro como el gigante y regordete bebé que era.

Franny se las arregló para llevarlo a un punto en donde pudiera dispararle sin fallar.

Y mientras Cupido se entretenía con la vaca, Franny activó el Manifestador en reversa. De un solo disparo, lo regresó a su forma original de Cupido de tarjeta de San Valentín.

CAPÍTULO VEINTIUNO

NCL BUSCA PF

(NIÑA CIENTÍFICA LOCA BUSCA PERRITO FEO)

Franny se quedó parada en su patio. Cupido ya no era una amenaza y los niños estaban a salvo, pero regados a su alrededor en el jardín estaban los restos humeantes de su laboratorio.

Franny debía ser la pequeña científica loca más triste que el mundo hubiera visto.

Pero no lo era. Estaba feliz. De hecho, estaba muy feliz.

Igor estaba bien, y, con todo y lo lista que era, Franny nunca sería capaz de explicar por qué, en ese momento, eso era lo más importante.

Se inclinó y lo recogió. Se veía asustado y triste.

—Esteee... oye, gracias por salvarme la vida —masculló.

Igor se estremeció. Parecía a punto de llorar.

—¿Sabes? —dijo ella—. Nosotros, los científicos locos, somos algo inestables. Y... ejem... a veces decimos cosas que realmente no queremos decir.

Igor parpadeó. Sus ojos se abrieron un poco más.

—Y además, todo esto es básicamente culpa mía. Para empezar, fui yo la que hizo el Manifestador y el Agigantador.

Igor sonrió un poquito.

—Supongo que lo que estoy tratando de decir es que voy a necesitar que un asistente me ayude a recuperar mi tamaño normal y también a reconstruir este laboratorio. Y... esteee... estaba pensando que me gustaría que fueras mi asistente. Claro, si tú quieres. En verdad me gustaría.

Franny sentía cómo la extraña descarga eléctrica la recorría por dentro otra vez. Había algo en mostrar sus sentimientos que era casi tan poderoso como percibirlos.

E, increíblemente, parecía haber tenido efecto en Igor.

Se sentó más erguido y de alguna forma hasta empezó a verse menos feo. Su aliento mejoró, y mientras agitaba la cola, contento, docenas de pulgas y garrapatas saltaron de su lomo. Debían de haberse dado cuenta de que Igor ya no era ese tipo de perro al que podían infestar.

—Vas a ser el mejor asistente de laboratorio del mundo —dijo Franny.

Igor saltó de la mano de Franny y enseguida se puso a ayudar a limpiar todo el patio.

De pronto chocó un frasco con un matraz, el cual explotó y dejó un cráter de doce metros en el patio.

—Está bien —dijo Franny—, quizá no seas el mejor, pero sí vas a ser MI asistente de laboratorio.

CAPÍTULO VEINTIDÓS

AMOR PERRUNO

Franny e Igor trabajaron juntos como si se conocieran desde siempre.

Repararon el autobús y llevaron a los niños a la escuela. Construyeron un aparato para encoger a Franny otra vez a su tamaño normal.

En el camino descubrieron que Igor podía ayudar un montón sosteniendo cosas que las manos gigantes de Franny posiblemente hubieran roto.

Y luego hicieron todas las tarjetas de San Valentín que Franny necesitaba darle a la maestra Shelly y a sus compañeros.

—Esta cosa es demasiado peligrosa —dijo Franny, y juntos destruyeron el Agigantador.

Pero no antes de usarlo por última vez.

CAPÍTULO VEINTITRÉS

Y ESO ES TODO

La señorita Shelly y los niños miraron por la ventana. Parecía que una gigantesca montaña café había surgido de repente enfrente de la escuela.

—¡Feliz Día de San Valentín! —dijo Franny al entrar. Le entregó sus tarjetas a la maestra y a sus compañeros.

—¡Franny! —exclamó la señorita Shelly—. ¿Tú eres la responsable de... de esa cosa que está ahí afuera?

—Sí —dijo Franny—. Feliz Día de San Valentín. Es para usted.

—¿Para mí? —dijo la señorita Shelly—. Para ser sincera, Franny, no sé qué sea esa cosa, pero estoy bastante segura de que no la quiero.

—Como guste —dijo Franny con una sonrisa—. Pero no es una cosa. Es una cereza cubierta de chocolate.

La señorita Shelly carraspeó.

—Usted dijo algo acerca de los dulces...

La maestra Shelly y los niños salieron para verla de cerca, y ella los dejó escarbar en el chocolate.

—Da la impresión de que te hubiera atravesado una de las flechas de Cupido —dijo la señorita Shelly a Franny con un guiño alegre mientras saboreaba un pedacito de chocolate.

—Yo también lo pensé —dijo Franny muy seria—. Pero después de realizarme un examen completo descubrí que no tenía ni un rasguño.

No, señorita Shelly, hay algo extraño aquí, un fenómeno que simplemente no puedo explicar. Podría llevarme meses desentrañar este asunto.

—Meses —dijo la maestra Shelly, mirando a Franny, a Igor y a los niños que chupeteaban el chocolate gigante con relleno de cereza.

Abrió el sobre que Franny le había dado y vio la tarjeta que estaba dentro.

Profesora Shelly:
Es la cosa más terrorífica del mundo, pero sé que a usted le gusta, así que aquí está su Cupido.

Con amor,
Franny

Y la señorita Shelly sintió la misma extraña sobrecarga de energía que había recorrido a Franny de los pies a la cabeza.

—Feliz Día de San Valentín, Franny —susurró.

ÍNDICE

Jim Benton

Es escritor y caricaturista. Su particular sentido del humor se ha visto plasmado en la televisión, en juguetes, playeras, tarjetas de felicitación e incluso ropa interior. Franny K. Stein es el primer personaje que ha creado especialmente para niños. Es padre de dos niños y vive en Míchigan, donde trabaja en un estudio que de verdad de verdad guarda cosas espeluznantes en su interior.

Aquí acaba este libro
escrito, ilustrado, diseñado, editado, impreso
por personas que aman los libros.
Aquí acaba este libro que tú has leído,
el libro que ya eres.